Sahira Nsayef Muslim
Israa M.S. Abd Ali AL-Kadmy
Alaa N. Mohammed Ali Al-Khfajy

Heparinase e heparinas de baixo peso molecular como agentes antitumorais

Sahira Nsayef Muslim
Israa M.S. Abd Ali AL-Kadmy
Alaa N. Mohammed Ali Al-Khfajy

Heparinase e heparinas de baixo peso molecular como agentes antitumorais

ScienciaScripts

Imprint

Cover image: www.ingimage.com

This book is a translation from the original published under ISBN 978-3-659-85216-9.

Publisher:
Sciencia Scripts
is a trademark of
Dodo Books Indian Ocean Ltd. and OmniScriptum S.R.L publishing group

120 High Road, East Finchley, London, N2 9ED, United Kingdom
Str. Armeneasca 28/1, office 1, Chisinau MD-2012, Republic of Moldova, Europe
Printed at: see last page
ISBN: 978-620-8-35863-1

Índice

Resumo

Uma nova estirpe *de Paenibacillus polymyxa* isolada de solo agrícola mostrou uma capacidade de produzir heparinase. A heparinase foi purificada até à homogeneidade por etapas cromatográficas sequenciais que envolveram a precipitação de sulfato de amónio, a troca iónica em coluna de DEAE-celulose e a filtração em gel em Sephadex G-150 com uma atividade específica final de 7,52U/mg, 37,5% de rendimento e 50,1 vezes de purificação. O efeito citotóxico da heparinase purificada e das heparinas de baixo peso molecular (LMWHs) produzidas na mistura de reação da heparinase com a heparina foi testado *in vitro* contra a linha celular de rabdomiossarcoma (RD) e o fibroblasto de embrião de rato de célula normal (REF) e verificou-se que a proliferação foi significativamente reduzida com concentrações crescentes de heparinase até 450μg/ml e de uma forma dependente do tempo. mas nas concentrações mais elevadas não há diferença significativa e para todos os tempos de exposição na linha celular RD, heparinas de baixo peso molecular (LMWHs) também mostraram efeito citotóxico para todos os tempos de exposição com um efeito significativo. Enquanto a heparinase e as heparinas de baixo peso molecular não mostraram qualquer efeito significativo durante os diferentes períodos de exposição em comparação com o controlo contra as células REF. Assim, a heparinase e as heparinas de baixo peso molecular geradas pela hepatinase têm uma aplicação promissora como agentes antitumorais.

Introdução

1- *Paenibacillus polymyxa*

Paenibacillus polymyxa (anteriormente *Bacillus polymyxa*) é uma bactéria Gram positiva, em forma de bastonete, com 0,6 por 3,0 μm de tamanho, que produz colónias pálidas em ágar, anaeróbia facultativa (pode ser ativa em condições anaeróbias e prospera em ambientes semi-anaeróbios), móvel (consegue movimento através de flagelos peritríquios que ajudam na motilidade e na aglomeração (Zengguo *et al.*, 2007). Originalmente incluído no género *Bacillus* e depois reclassificado como um género separado em 1993.

Paenibacillus polymyxa é um quimioorganoheterotrófico que pode fixar azoto atmosférico e é um anaeróbio facultativo (Vasan *et al.*,2001). Como anaeróbio facultativo, pode realizar respiração aeróbica na presença de oxigénio ou mudar para fermentação quando os níveis de oxigénio são baixos. Pode utilizar uma variedade de fontes de carbono orgânico, como a glucose, a sacarose, a maltose e a arabinose, e pode produzir uma série de metabolitos, como a acetoína, o lactato e o etanol (de Mas *et al.*,1988). É também um mesófilo que cresce otimamente a cerca de 30°C e o pH ótimo é de cerca de 4-7(Vasan *et al.*,2001). *Paenibacillus polymyxa* também tem a capacidade de produzir gás H_2 como subproduto durante um processo fermentativo que é afetado tanto pelo pH como pela temperatura (Watanapokasin *et al.*, 2008). Este processo fermentativo, denominado acetogénese, produz acetato, hidrogénio e CO_2, que podem ser utilizados como precursores pelos metanogénios para produzir metano (Watanapokasin *et al.*, 2008). *Paenibacillus polymyxa* tem a capacidade única de sintetizar antibióticos/compostos antifúngicos. Três destes compostos incluem a polimxina, a paenibacilina (Zengguo *et al.*,2007) e a fusaricidina (Choi *et al.*,2008).

Paenibacillus polymyxa é um *Bacillus* não patogénico e formador de endosporos (Lal e Tabacchioni, 2009; Eastman *et al.*, 2014). Para a reprodução, diferencia-se em esporos elipsoidais que incham distintamente a célula-mãe. O endósporo pode germinar quando as condições são mais adequadas (Huo *et al.*, 2010). A germinação dos esporos de *P. polymyxa* pode ser influenciada por muitos factores, incluindo a ativação pelo calor e nutrientes como a frutose e a L-alanina (Huo *et al.*, 2010). Os ácidos orgânicos também podem afetar a resistência ao calor dos esporos (Casadei *et al.*,2000). A vasta gama de capacidades desta bactéria é a fixação de azoto, a produção de hormonas que promovem o crescimento das plantas, a produção de enzimas hidrolíticas e a produção de antibióticos contra microrganismos nocivos às plantas e ao homem (Lal e Tabacchion, 2009). Também pode ajudar as plantas na absorção de fósforo e aumentar a porosidade do solo (Timmusk *et al.*,1999). Este micróbio tem um papel na função do ecossistema e um papel potencial em processos industriais (Lal e Tabacchion, 2009).

Nos ecossistemas agrícolas, *Paenibacillus polymyxa* pode promover o crescimento das plantas através de três mecanismos. O primeiro mecanismo é a produção de hormonas como as citocininas, as auxinas, o etileno e as giberelinas (Timmusk *et al.*, 1999). Estes compostos aumentam a expansão das raízes e o crescimento das plantas. O segundo mecanismo é a produção de antibióticos e a promoção da imunidade da rizosfera. Heulin *et al.* (1994) observaram que a atividade antagonista de *Paenibacillus polymyxa* diminuía a atividade de dois fungos patogénicos para as plantas (*Gaeumannomyces graminis* var. *tritici* e *Fusarium oxysporum*). O terceiro mecanismo é a capacidade de fixação de azoto da bactéria, que pode produzir uma forma de azoto (amoníaco NH_3) utilizável pelas plantas a partir do N_2 atmosférico. Além disso, a flutuação e a porosidade do solo são melhoradas devido aos compostos orgânicos libertados pela P. polymyxa no solo (Timmusk *et al.* ,1999).

A vasta gama de aplicações de *Paenibacillus polymyxa* na indústria deve-se aos metabolitos secundários produzidos por esta bactéria. Os compostos antimicrobianos são eficazes contra uma vasta gama de espécies bacterianas Gram-positivas e Gram-negativas, pelo que as bactérias podem ser utilizadas na biopreservação de alimentos e em aplicações médicas. Metabolitos como a polimixina E1 e um lantibiótico também diminuem a colonização de agentes patogénicos em aves de capoeira e larvas de camarão (Lal e Tabacchioni, 2009). A outra área de aplicação dos metabolitos produzidos pela bactéria é a biofloculação causada por metabolitos como o 2,3-butanodiol (BDL). A bactéria também foi utilizada para a separação de hematite, pirite e calcopirite (Vijayalakshmi e Raichur, 2002). O tratamento de águas residuais e da torneira e a fermentação são outros domínios de aplicação industrial da *Paenibacillus polymyxa.*

Paenibacillus polymyxa está presente em muitos ambientes: ocorre naturalmente em sedimentos marinhos (Lal e Tabacchioni, 2009), e também foi isolado de vários solos e da rizosfera e raízes de árvores florestais e plantas cultivadas, incluindo oliveiras cultivadas numa quinta de pomar biológico (Blibech,2012), trigo, cevada, trevo branco, azevém perene, erva de trigo com crista, feijão verde, alho (Raza *et al*, 2008), milho, sorgo e cana-de-açúcar (Lal e Tabacchioni,2009). Está amplamente distribuído e foi isolado de várias amostras ambientais, como solo, água, leite, fezes e vegetais em decomposição, forragem e larvas de insectos, raízes de plantas e sedimentos marinhos[1] e amostras clínicas (Timmusk *et al.* ,2005; Spadden e Gardener,2004). *Paenibacillus polymyxa* tem uma ampla gama de hospedeiros como bactéria promotora do crescimento de plantas. Tem caraterísticas que a tornam potencialmente útil no biocontrolo, na promoção do crescimento das plantas, na produção de enzimas e produtos químicos especializados, no tratamento de água e de águas residuais e em aplicações de limpeza e desengorduramento. Embora possa estar associada à contaminação de alimentos e, ocasionalmente, a intoxicação alimentar, *a B. subtilis* não é patogénica para os seres humanos. Apresenta uma virulência mínima ou nula, confirmada pela sequenciação do genoma de uma estirpe que não revelou genes que codificam factores de virulência. Geralmente, também não é um agente patogénico para os animais ou para as plantas, mas é realmente perigoso para outros microrganismos. *O Paenibacillus polymyxa* não é conhecido como um agente patogénico para animais ou plantas. Não se espera que a libertação destas estirpes no ambiente afecte negativamente os ecossistemas. *O Paenibacillus polymyxa* não é conhecido como um agente patogénico para o ser humano. Apesar da sua ubiquidade, apenas foram notificados dois casos de infeção por *Paenibacillus polymyxa* em seres humanos, ambos envolvendo indivíduos que sofriam de condições de saúde pré-existentes. Desses casos, apenas um indicava *Paenibacillus polymyxa* como o único microrganismo envolvido.

A diversidade de rizobactérias com capacidade para promover o crescimento das plantas é afetada pela quantidade e composição dos materiais orgânicos excretados pelas raízes das plantas (Bowen e Rovira, 1991), que podem variar durante o desenvolvimento da planta e em diferentes espécies e cultivares de plantas. Na rizosfera, *Paenibacillus polymyxa* tem caraterísticas patogénicas contra microrganismos deletérios (principalmente fungos). Também tem uma relação simbiótica com as plantas, invadindo as suas raízes e formando biofilmes (foi demonstrado que os biofilmes de *Paenibacillus polymyxa* que crescem nas raízes das plantas produzem exopolissacarídeos que protegem as plantas dos agentes patogénicos (Montes *et al.*,2004). A produção de hormonas e a fixação de azoto são outras actividades benéficas da bactéria no solo e na rizosfera. *Paenibacillus polymyxa* tem também atividade antagonista contra espécies de *Vibrio* e muitos outros microrganismos patogénicos para o homem e os animais (Timmusk *et al.*,1999). Por conseguinte, tem sido utilizado na produção de antimicrobianos comerciais (Liebminger *et al.*, 2012). A polimixina B, um dos antibióticos produzidos por *Paenibacillus polymyxa* (Quinn *et al.*,2012). Esta bactéria produz metabolitos secundários que têm amplas aplicações em ecossistemas agrícolas, biopreservação na indústria alimentar e medicinal, biofloculação em águas residuais e processamento de minerais (Kim *et al.*, 2010).

Paenibacillus polymyxa tem uma capacidade única de proteger as plântulas de tomate da murchidão bacteriana (Li *et al.*,2011). A murchidão bacteriana é causada por *Ralstonia solanacearum*, uma bactéria encontrada no solo que infecta as plantas (Chavez *et al.*,2012). *A Ralstonia solanacearum* invade a planta através das raízes e coloniza os feixes vasculares nos vasos do xilema (Chavez *et al.*,2012). À medida que cresce e se multiplica, bloqueia o transporte de água e nutrientes. *Paenibacillus polymyxa* pode prevenir esta murchidão bacteriana colonizando e formando um biofilme à volta das raízes da plântula de tomate, impedindo a entrada de *Ralstonia solanacearum*.

O Paenibacillus polymyxa também tem utilizações potenciais na bioremediação. Envolve-se num composto chamado exopolissacarídeo (ou substância polimérica extracelular), que é importante para a formação de biofilme e para aderir às raízes das plantas e às partículas do solo. Este exopolissacarídeo pode ser utilizado como um composto barato e facilmente cultivável para remover o cádmio (Cd^{2+}) de soluções aquosas. Isto é conseguido através da absorção de cádmio na solução aquosa pelo exopolissacárido de *Paenibacillus polymyxa* (Mokaddem *et al.*, 2009).

A Paenibacillus polymyxa tem sido utilizada na aquacultura devido às suas propriedades probióticas (revisão em (Hong *et al.* 2005). Foram observados efeitos promotores da saúde em ensaios de alimentação de peixes envolvendo misturas de *Paenibacillus polymyxa* com outras bactérias. Todos os estudos mostraram efeitos positivos significativos em vários parâmetros de saúde e crescimento medidos em larvas de esturjão persa (*Acipencer percicus*) (Jafarian *et al.* 2009a) e truta arco-íris (*Oncorhynchus mykiss*) (Jafarian *et al.* 2009b). Não foram registados efeitos adversos como resultado do consumo das formulações probióticas, em nenhum dos estudos discutidos.

2- Heparina

Os glicosaminoglicanos, como a heparina, o sulfato de heparano e o sulfato de condroitina, desempenham um papel fundamental na matriz extracelular (Jackson *et al.*, 1991; Lindahl *et al.*, 1994). A heparina, também conhecida como heparina não fraccionada (HNF), é um mucopolissacárido sulfatado pertencente à família dos glicosaminoglicanos que possui várias actividades biológicas (Ernst *et al.*, 1996). A heparina é um polissacárido ácido, caracterizado por uma unidade de repetição dissacárida de hexosamina e ácido urónico (ácido L-idurónico ou D-glucurónico) ligados através de 1-4 ligações. A heparina é heterogénea devido ao grau variável de modificação dos grupos funcionais na unidade dissacarídica. A heparina só pode ser hidrolisada com ácido em condições vigorosas, o que resulta numa caramelização considerável, especialmente do ácido glucorónico, e numa divisão extensa da heparina, pelo que os produtos são mono(ou) dissacáridos dos quais todos os grupos sulfatados são removidos (Godavarti e Sasisekharan, 1998). A heparina de baixo peso molecular (HBPM), que é um anticoagulante eficaz em comparação com a heparina não fraccionada (HNF), é obtida por despolimerização química ou enzimática controlada da heparina. A heparina é altamente heterogénea na sua composição devido ao grau variável de modificação dos grupos funcionais na unidade dissacarídica (Sasisekharant *et al.*, 1993). A heparina é amplamente utilizada como anticoagulante sanguíneo, agente anti-inflamatório, normalizando os tempos de protrombina e tromboplastina (Pulsawat e Khanitchaidecha, 2012; Christopherson *et al.*,2002). Também possui actividades antilipaémicas, antiheamostáticas e antitrombóticas (Lindahl,2000). A ligação da heparina à antitrombina III (AT-III) aumenta subsequentemente a taxa de inativação das enzimas proteolíticas da cascata de coagulação pela AT-III. Estudos recentes revelaram que uma sequência distinta de pentassacarídeos, presente em aproximadamente um terço das cadeias poliméricas da heparina, contribui para a atividade anticoagulante (Naimy et *al.*,2008; Xie *et al.*,2008). Para além das aplicações de prevenção e tratamento tromboembólico, os derivados da heparina demonstraram numerosas aplicações terapêuticas novas potenciais, tais como anti-inflamatórias, antivirais, antiateroscleróticas, antiproliferação, antitumorais e antiangiogénicas (Yapeng *et al.*, 2003). As actividades biológicas proporcionadas pelas sequências únicas de oligossacáridos da heparina suscitaram o interesse pela identificação e modificação da heparina ou de estruturas análogas à heparina. Além disso, a deteção de contaminantes de heparina através da análise da estrutura da heparina para confirmação da pureza tem sido necessária em consequência do evento clínico adverso que causa angioedema, hipotensão e múltiplas mortes (Liu *et al.*, 2009).

Uma grande quantidade de dados apoia o conceito da heparina como um agente anti-inflamatório eficaz. Foi demonstrado que a heparina inibe a patogénese de doenças inflamatórias, incluindo asma, enfisema, síndrome de dificuldade respiratória do adulto, hipersensibilidade de tipo retardado, rejeição primária de aloenxertos cutâneos, enfarte do miocárdio, artrite reumatoide e doença inflamatória intestinal (Lever *et al.,* 2000). Estudos anteriores demonstraram também que a heparina resultou na redução da gravidade de doenças como a artrite reumatoide (Gaffney e Gaffney, 1996) e o líquen plano em seres humanos e a doença aguda do enxerto contra o hospedeiro em modelos de ratinhos. Foi também demonstrado que a heparina inibe a ligação de Rantes a CCR5 (Martin *et al.,*2001) e inibe a adesão e migração de leucócitos induzida pelo fator de necrose tumoral para o tecido circundante (Lever *et al.,*2000, Kent *et al.*,2002). Assim, a atividade anti-inflamatória da heparina pode dever-se à sua capacidade de inibir a migração de leucócitos para o tecido doentc.

3- Heparinases

As heparina-liases ou heparinases clivam a ligação glicosídica entre as hexosaminas e os ácidos urónicos da heparina e do sulfato de heparina (HS) por eliminação b. De acordo com a especificidade da ação das heparina-liases sobre a heparina ou o HS, as heparinases podem ser classificadas em três grupos (heparinase I; Hep I, heparinase II; Hep II e heparinase III; Hep III). A heparinase catalisa a despolimerização da heparina, resultando numa ligação dupla do ácido urónico no terminal não redutor. A heparinase é uma enzima induzível criada por muitos microrganismos para utilização da heparina como única fonte de carbono, azoto e enxofre (Linhardt *et al.*, 1981). Foram descobertas, purificadas e caracterizadas várias heparinases bacterianas de várias espécies, tais como *Pedobacter heparinus* (espécie comercial de heparinases), *Sphingobacterium*, *Bacillus circulans* e *Bacteroides* (Yapeng *et al.*,2003;, Kim *et al.*,2001; Banga e Tripathi,2009; Lohse e Linhardt,1992; Riley,1987; Yoshida et *al.*,2002).

A heparinase (EC 4.2.2.7) é uma enzima que catalisa a reação química por clivagem de polissacáridos que contêm resíduos de D-glucuronato ou L-iduronato ligados a 1,4 e resíduos de 2-sulfoamino-2-desoxi-6-sulfo-D-glucose ligados a 1,4-alfa para dar oligossacáridos com grupos terminais 4-desoxi-alfa-D-gluc-4-enuronosil nas suas extremidades não redutoras (Sasisekharan *et al.*,1996). As heparinases são enzimas que clivam a ligação glicosídica entre as hexosaminas e os ácidos urónicos e são conhecidas por clivar seletivamente as cadeias de heparina e HS, através de um mecanismo de eliminação. As enzimas heparinase criam uma ligação dupla na extremidade não redutora do ácido urónico que absorve a 232 nm e pode ser utilizada para a deteção de produtos oligossacáridos e dissacáridos (Kim *et al.*, 2004).

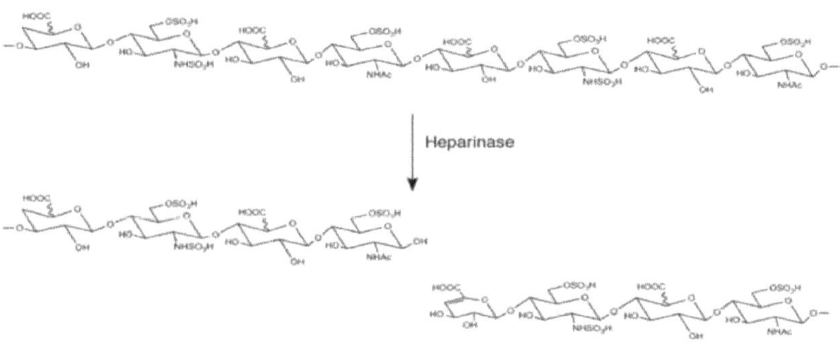

Figura-1:Degradação da heparina HS através do método de eliminação

As heparinases podem ser utilizadas para neutralização da heparina, deteção e determinação da heparina plasmática, controlo de qualidade no fabrico de heparina e preparação de heparinas de baixo peso molecular, dissacarídeos ou oligossacarídeos a partir de heparina não fraccionada (Sasisekharan *et al.*, 1996). A heparinase tem muitas aplicações para a neutralização da heparina em amostras de sangue e plasma antes da análise, para a neutralização semelhante in vitro de heparinas de baixo peso molecular, como parte integrante de testes de diagnóstico in vitro para a neutralização da heparina (testes de coagulação do sangue, testes de plaquetas),em tubos de colheita de sangue para a neutralização da heparina, para a preparação de heparinas de baixo peso molecular a partir de heparina não fraccionada, como reagente de investigação (degradação de glicosaminoglicanos), para a preparação de dissacáridos de heparina e para a preparação de bibliotecas de oligossacáridos. Esta heparinase pode encontrar aplicação na indústria farmacêutica e para a geração de heparinas de baixo peso molecular, activas como agentes antitrombóticos e antitumorais (Banga e Tripathi, 2009).

4-Rabdomiossarcoma

Os sarcomas são cancros que se desenvolvem a partir de tecidos conjuntivos do corpo, como os músculos, a gordura, os ossos, o revestimento das articulações ou os vasos sanguíneos. Existem muitos tipos de sarcomas. O rabdomiossarcoma (RMS) é um cancro constituído por células que normalmente se desenvolvem nos músculos esqueléticos.

O rabdomiossarcoma, vulgarmente designado por RMS, é um tipo de cancro, especificamente um sarcoma (cancro dos tecidos conjuntivos), em que se pensa que as células cancerígenas surgem a partir de progenitores do músculo esquelético. Também pode ser encontrado ligado ao tecido muscular, enrolado nos intestinos ou em qualquer localização anatómica. O rabdomiossarcoma é um cancro raro que se forma nos tecidos moles do corpo, como o músculo e o tecido conjuntivo. No rabdomiossarcoma, as células cancerígenas têm um aspeto semelhante ao das células musculares imaturas. O rabdomiossarcoma pode ocorrer em qualquer idade, o rabdomiossarcoma é uma forma relativamente rara de cancro. Quando o RMS ocorre, é mais frequente em crianças de um a cinco anos de idade. Menos frequentemente, também se pode manifestar em adolescentes entre os 15 e os 19 anos e pode mesmo desenvolver-se na idade adulta, embora isso seja ainda mais raro. Afecta mais frequentemente crianças e jovens adultos. Apenas cerca de 350 casos de EMR são diagnosticados anualmente nos Estados Unidos em crianças com idade inferior a 21 anos (Ferrari *et al.,* 2003).

Os tumores que surgem na órbita, em locais não parameníngeos da cabeça e do pescoço (por exemplo, a bochecha ou o lóbulo da orelha) e no trato genital masculino (paratesticular) ou feminino (vagina, vulva, colo do útero ou útero) são considerados "favoráveis". Todos os outros locais são considerados "desfavoráveis". O local onde o rabdomiossarcoma começa e as caraterísticas das células envolvidas no cancro ajudam a determinar as opções de tratamento. As opções de tratamento do rabdomiossarcoma incluem quimioterapia, cirurgia e radioterapia (Little *et al.*, 2002).

Existem três tipos de células musculares no corpo: células musculares lisas, células musculares esqueléticas e células musculares cardíacas. O músculo é o principal tipo de músculo dos órgãos internos (exceto o coração). Por exemplo, os músculos lisos do estômago e dos intestinos empurram os alimentos à medida que são digeridos. Nós não controlamos este movimento. Os músculos lisos controlam as actividades involuntárias; os músculos esqueléticos são os músculos que controlamos para mover partes do nosso corpo e controlar as actividades voluntárias. O rabdomiossarcoma (RMS) é um tumor maligno (cancro) que se origina de uma célula muscular esquelética normal e o músculo cardíaco é o principal tipo de músculo do coração (Hawkins *et al.*, 2001).

Tipos de rabdomiossarcoma (Esnaola *et al.*,2001)

Existem 2 tipos principais de RMS, para além de alguns tipos menos comuns:

1-Rabdomiossarcoma embrionário

O rabdomiossarcoma embrionário (ERMS) afecta normalmente as crianças nos primeiros 5 anos de vida, mas é o tipo mais comum de RMS em todas as idades. As células do ERMS parecem-se com as células musculares em desenvolvimento de um embrião de 6 a 8 semanas de idade. O EMSR tende a ocorrer na zona da cabeça e do pescoço, na bexiga, na vagina, na próstata e nos testículos ou à volta destes. Dois subtipos de ERMS, os rabdomiossarcomas botrioide e de células fusiformes, tendem a ter um melhor prognóstico (perspectivas) do que a forma convencional mais comum de ERMS.

2-Rabdomiossarcoma alveolar

O rabdomiossarcoma alveolar (ARMS) afecta normalmente todos os grupos etários de forma igual. Constitui uma parte maior do RMS em crianças mais velhas e adolescentes do que em crianças mais novas (porque o ERMS é menos comum em idades mais avançadas). A EMAR ocorre mais frequentemente nos grandes músculos do tronco, braços e pernas. As células da ARMS parecem-se com as células musculares normais observadas num feto com 10 semanas de idade. A EMAR tende a desenvolver-se mais rapidamente do que a EMSR e normalmente requer um tratamento mais intenso.

3-Rabdomiossarcoma anaplásico e sarcoma indiferenciado

O rabdomiossarcoma anaplásico (anteriormente denominado *rabdomiossarcoma pleomórfico*) é um tipo pouco frequente que ocorre em adultos, mas é muito raro em crianças. Alguns médicos também agrupam os sarcomas indiferenciados com os rabdomiossarcomas. Utilizando análises laboratoriais, os médicos podem dizer que estes cancros são sarcomas,

mas as células não têm quaisquer caraterísticas que ajudem a classificá-los melhor. Estes dois tipos de cancro pouco comuns tendem a crescer rapidamente e, normalmente, requerem um tratamento intensivo.

Sintomas do rabdomiossarcoma

Os sintomas associados ao EMR podem variar muito, dependendo do local onde o tumor se desenvolve. As crianças com RMS orbital (cerca de 10% de todos os casos de RMS) podem apresentar um olho saliente ou inchado (proptose). Embora isto possa por vezes ser confundido com uma infeção dos seios nasais, as crianças com tumores nesta localização normalmente não apresentam os outros sintomas que as crianças com infecções dos seios nasais apresentam (dor, febre, descoloração arroxeada do olho) (Ferrari *et al.,* 2003).

As crianças com tumores que surgem num dos locais parameníngeos (basicamente os seios nasais, o ouvido médio e a parte posterior da garganta) podem queixar-se durante semanas ou meses de nariz entupido, por vezes com corrimento nasal; ocasionalmente, pode ser visível uma massa na narina ou na parte posterior da garganta. Ao contrário das infecções dos seios nasais e da garganta, estes tumores normalmente não se espalham para os gânglios linfáticos do pescoço. Se isso acontecer, normalmente não são sensíveis. Se ocorrer uma erosão da base do crânio, os doentes podem queixar-se de dores de cabeça ou desenvolver neuropatias cranianas devido à infiltração ou compressão dos nervos cranianos afectados.

As crianças com tumores do trato genito-urinário podem apresentar uma massa escrotal indolor (tumores paratesticulares), uma massa saliente semelhante a uma uva na vagina (rabdomiossarcoma "botryoidal"), sangue na urina (tumores da bexiga) ou micção frequente, por vezes com ardor ou hesitação. Ocasionalmente, os tumores que surgem na glândula da próstata (não é o mesmo tipo mais comum de cancro da próstata que os homens adultos têm) podem crescer muito antes de serem diagnosticados; estes tumores podem apresentar-se como uma massa visível na pélvis ou no abdómen, por vezes com frequência e urgência urinária, por vezes com obstipação, náuseas e vómitos por compressão dos intestinos.

Os tumores que surgem nas pernas ou nos braços estão normalmente entre os tipos mais agressivos de EMR. Estes tumores podem crescer desde o tamanho de uma picada de mosquito ou de um pequeno berlinde até ao tamanho de uma bola de basebol ou de uma toranja no espaço de apenas algumas semanas. Os tumores são normalmente duros, mas só raramente são dolorosos, a não ser que comecem a pressionar os nervos próximos. Estes tumores são os mais susceptíveis de se disseminarem para os gânglios linfáticos próximos; não é raro que uma criança com um EMR na mão ou no braço tenha também "glândulas inchadas" na axila, ou que uma criança com um EMR no pé ou na barriga da perna tenha também "glândulas inchadas" na virilha (Furlong *et al.*,2001).

Tratamento do rabdomiossarcoma

O tratamento das crianças com EMR centra-se na obtenção de "controlo local" e "controlo sistémico". O controlo local refere-se à erradicação permanente do "tumor primário". Isto é normalmente conseguido através da remoção cirúrgica ou da irradiação do tumor (ou de ambos) e de quaisquer áreas vizinhas envolvidas, para além do tratamento com quimioterapia. O controlo sistémico refere-se ao controlo permanente das "micrometástases" invisíveis ou das "metástases" visíveis, geralmente através de quimioterapia (por vezes com cirurgia ou radioterapia adicionais).

1-Chemoterapia(Hays *et al.*,1990**)**

Todos os doentes com EMR necessitam de quimioterapia para maximizar as hipóteses de cura. Os tratamentos de quimioterapia para o EMR são sempre administrados através de uma via intravenosa; geralmente, é colocado um tipo especial de via intravenosa "permanente" antes do início do tratamento. A maioria dos doentes com EMR recebe tratamentos de quimioterapia com uma duração de 6 a 12 meses (raramente mais tempo, embora, dependendo da gravidade dos efeitos secundários, um tratamento previsto para dez meses possa, por vezes, durar 15 meses). A quimioterapia é geralmente administrada em "pulsos" ou "ciclos" de dois a cinco (ou por vezes dez) dias a cada 3-4 semanas. Alguns medicamentos de quimioterapia podem ser administrados numa base semanal.

Os efeitos secundários da quimioterapia podem ser "específicos do medicamento" (ou seja, apenas observados com um ou dois medicamentos) ou "gerais" (ou seja, observados com muitos medicamentos). Segue-se uma lista dos medicamentos mais comuns utilizados no tratamento da EMSR nos Estados Unidos e na Europa: Vincristina, Dactinomicina, Ciclofosfamida, Topotecano, Irinotecano, Etoposido, Ifosfamida, Doxorrubicina e Carboplatina.

Os efeitos secundários mais comuns que podem ser observados (em menor ou maior grau) com praticamente todos os medicamentos de quimioterapia utilizados no tratamento da EMSR incluem queda de cabelo, náuseas e vómitos, perda de apetite, fadiga, feridas na boca e o desenvolvimento de contagens baixas de células sanguíneas. Estes efeitos secundários desenvolvem-se normalmente devido aos efeitos da quimioterapia nas células que se dividem rapidamente. Embora as células tumorais sejam geralmente as células que se dividem mais rapidamente no organismo, outras células normais, como as células ciliadas, as "células da mucosa" (as células que revestem a boca e os intestinos) e as células sanguíneas, também se dividem rapidamente. Felizmente, existe normalmente uma maior quantidade destas células normais do que de células tumorais, pelo que estes efeitos secundários são normalmente temporários.

2-Terapia de radiação (Wolden *et al.*,2003; Wolden *et al.*,2004**)**

Os tratamentos de radioterapia são geralmente administrados após 4-5 ciclos de quimioterapia (ou seja, após cerca de 12 semanas), embora em casos selecionados (geralmente limitados a crianças com EMR parameníngeo que tenha erodido através da base do crânio para se estender intracranialmente) a radiação possa começar ao mesmo tempo (ou o mais rapidamente possível) que a quimioterapia.

Dependendo do local, do tamanho e do grupo do tumor, são efectuados entre 20 e 28 tratamentos de radiação. Idealmente, o tratamento deve ser planeado com base em imagens tridimensionais do tumor pré-biópsia e pré-quimioterapia.

3-Cirurgia diferida (Cecchetto *et al.*,2003**)**

Algumas crianças com EMR são submetidas a uma cirurgia "retardada" ou de segunda vista depois de o tumor ter diminuído após a quimioterapia. As razões para efetuar este tipo de operação incluem a tentativa de eliminar a necessidade de radioterapia

(pouco frequente) ou para permitir que seja administrada uma dose mais baixa de radiação "clinicamente significativa" no pós-operatório (comum), ou para maximizar a hipótese de a radiação pós-operatória funcionar eficazmente (particularmente para tumores que eram muito grandes na altura do diagnóstico)

4-Novos tratamentos

À medida que se obtêm mais conhecimentos sobre a biologia básica do EMR, estão a ser desenvolvidas novas abordagens terapêuticas para tentar explorar estes "calcanhares de Aquiles" das células tumorais. Devido à dependência do SGR em relação ao IGF-II, foram desenvolvidos novos fármacos promissores que bloqueiam a interação do recetor IGF tipo I com o IGF-II ou que bloqueiam os efeitos biológicos a jusante que ocorrem depois de o IGF-II se ligar ao seu recetor. Estes agentes, embora ainda não estejam clinicamente disponíveis, são muito promissores como tratamentos "autónomos" ou em combinação com quimioterapia (Raney *et al.*,2004).

O objetivo desta investigação foi obter bactérias produtoras de heparinase isoladas de solos agrícolas, além de purificar a heparinase e investigar os efeitos citotóxicos da heparinase e das heparinas de baixo peso molecular (LMWHs) produzidas pela heparinase na viabilidade de uma linha celular cancerígena (RD).

Materiais e métodos

Recolha de amostras

Foram recolhidas vinte e cinco amostras de solo agrícola de diferentes locais, utilizando frascos de amostras pré-esterilizados e espátulas esterilizadas do jardim da Universidade de Al-Mustansiriya.

Isolamento de produtores de heparinase

0,1 g de amostra de solo foi adicionado a 1,5 ml de meio que consistia em (por litro): 14 g de triptona, 1,0 g de extrato de levedura, 3,5 g de K2 HPO4, 2 g de MgCl2, e 1,0 g de heparina, manitol, 8·0; NH_4 NO_3 , 2·5; Na HPO_{24} , 0·5; quitina, 0-6; solução de sais traço (NaSO4.2¾O, CoCl2.6¾O, CuSO4.5¾O, FeSO4.7H2O, CaCl2)(modificação do meio que foi descrito por Banga e Tripathi(2009). As culturas foram mantidas em bandejas de microtitulação estéreis de 24 poços, seladas com filme plástico para minimizar a evaporação, a 45°C, sem agitação por 48 horas. Das amostras que apresentavam indícios de crescimento microbiano, 0,1 foi espalhado na superfície do ágar-sangue e do ágar MacConkeys, sendo depois incubadas a 45°C durante três dias.

Análise bacteriológica

Os isolados bacterianos foram observados quanto aos caracteres morfológicos e identificados utilizando os testes orientados pelo Manual de Bacteriologia Sistémica de Berge. Os isolados suspeitos de *Paenibacillus* spp. foram identificados por: **A) Exame Morfológico**

O diagnóstico primário baseado nas caraterísticas morfológicas das colónias, incluindo a forma da colónia, a textura da colónia, a cor e os bordos, foi estudado em função do crescimento bacteriano em ágar-sangue (Holt *et al.*,1994).

B)Exame Microscópico

Uma colónia isolada foi transportada para uma lâmina microscópica, fixada e depois corada com a coloração de Gram, tendo-se observado a reação de Gram, a forma e a disposição das células. Os resultados foram comparados com os de Holt *et al.* (1994).

C)Testes bioquímicos

Os isolados bacterianos foram submetidos a diferentes testes bioquímicos, incluindo:

1- **Teste da oxidase (negativo)**

Uma única colónia isolada de bactérias foi transferida para um pedaço de papel de filtro com um aplicador de madeira e, em seguida, foram adicionadas 2-3 gotas de reagente de oxidase ao papel de filtro. A mudança de cor para púrpura escuro no espaço de 20-30 segundos indica um teste positivo. As bactérias oxidase-negativas não produzem esta mudança de cor (Brown, 2005).

2-Teste da catalase (positivo)

O método da lâmina foi utilizado para a deteção da atividade da enzima catalase. Uma quantidade de crescimento puro foi transferida por um bastão de madeira para uma lâmina de microscópio e, em seguida, foi adicionada uma gota de peróxido de hidrogénio a 3% sobre a colónia. A evolução de bolhas de gás indica um resultado positivo (Brown, 2005).

Teste do 3-indole (negativo)

Este teste foi realizado através da cultura de uma colónia isolada em 10 ml de água peptonada durante 24 horas a 30°C. Adicionou-se então 0,5 ml de reagente de Kovacs (parágrafo 2-2-23) à cultura. O aparecimento de um anel vermelho no topo do meio indica um resultado positivo (Holt *et al.*,1994).

4-Teste de utilização de citrato de Simmon (negativo)

Este teste foi efectuado através da inoculação de placas de ágar citrato com uma colónia isolada, esfaqueando o fundo e estriando a superfície da placa, depois incubada a 37°C durante 24 horas. A mudança de cor distinta de verde para azul indica o resultado positivo. O teste de utilização de citrato determina a capacidade das bactérias para utilizar o citrato como principal fonte de carbono para as suas necessidades energéticas (Atlas *et al.*,1995).

5-Triple Sugar Iron (TSI) Agar

Este teste foi efectuado através da inoculação do meio TSI slant com uma colónia isolada de crescimento bacteriano, esfaqueando o fundo e estriando a superfície do slant, sendo depois incubado a 37°C durante 18-24 horas. Foi detectada a mudança de cor do slant e do fundo, a formação de gás e a produção de H2S (Harley e Prescott, 1996).

6-Teste da urease (negativo)

A produção de urease foi detectada através da inoculação de meio de ureia com uma única colónia isolada de isolados bacterianos e incubada a 30°C durante 18 a 24 horas. A alteração da cor para rosa indica um resultado positivo (Atlas *et al.*, 1995).

7-Teste de motilidade (positivo)

O meio de motilidade foi inoculado com cultura bacteriana por punhalagem e incubado a 30°C durante 24 horas. A formação de turvação à volta da posição de punhalada indica um resultado positivo (motilidade das bactérias).

8-Teste de hemólise (não hemolítico)

A cultura em meio de ágar-sangue foi efectuada para a deteção da atividade hemolítica de *Paenibacillus polymexa*. Uma colónia isolada de uma cultura bacteriana de 24 horas foi cultivada por sementeira e as placas foram incubadas a 30°C durante 24 horas; o aparecimento de uma zona clara à volta das colónias indica um resultado positivo (Atlas *et al.*,1995). Este meio é adequado para o isolamento primário e a cultura de bactérias e para a deteção do tipo de hemólise

D)Kits de diagnóstico

A identificação final dos isolados bacterianos foi efectuada utilizando o sistema de kits bioquímicos API 50CH API 20E para *Paenibacillus polymexa*, de acordo com o procedimento sugerido pelas empresas fabricantes. Cada sistema foi concebido para a realização de 20 testes bioquímicos padrão a partir de uma única colónia de isolado purificado. Os testes bioquímicos incluídos no API 50CH e no API 20E incluíam a produção de ácido a partir de glucose, xilose, galactose, ramnose e lactose (Holt,1994; Forbes *et al.*,2002), teste de assimilação de histamina (-), teste de oxidação de glucose, teste de liquefação de gelatina (+) e outros. A suspensão bacteriana foi preparada para cada isolado a partir de colónias bem isoladas utilizando a solução de suspensão api e a turvação foi ajustada para 0,5 McFarland (1,5×108 CFU/ml). Com uma pipeta Pasteur estéril, os vinte microtubos foram inoculados de acordo com as instruções do fabricante. Após incubação a 37°C durante

24 horas, a identificação do isolado foi efectuada utilizando o índice de perfil analítico (codificação numérica) para uma identificação rápida ao nível da espécie

Além disso, o isolado de *Paenibacillus polymexa* foi confirmado com o sistema Vitek 2, utilizando o cartão Vitek GNI (bio Mérieux, França), de acordo com as instruções do fabricante.

O VITEK 2 é um sistema de microbiologia automatizado que utiliza tecnologia baseada no crescimento. O sistema está disponível em três formatos (VITEK 2 compact, VITEK 2 e VITEK 2 XL) que diferem em níveis crescentes de capacidade e automatização. Todos os três sistemas acomodam os mesmos cartões de reagentes colorimétricos que são incubados e interpretados automaticamente. **VITEK 2 Compacto**

Este formato centra-se no ambiente de ensaio de microbiologia industrial, embora também tenha aplicação em laboratórios clínicos de volume baixo a médio. As caraterísticas especificamente desenvolvidas para a microbiologia industrial incluem a conformidade com o 21 CFR Parte 11 (para registos e assinaturas electrónicas) e um cartão de reagente colorimétrico (BCL) utilizado para identificar os bacilos Gram-positivos formadores de esporos (ou seja, *Bacillus* e géneros relacionados). Os outros cartões de reagentes colorimétricos (GN, GP, YST) aplicam-se a todos os formatos de sistemas, tanto para laboratórios industriais como clínicos.

VITEK 2 e VITEK 2 XL

Estes formatos estão mais direcionados para o laboratório de microbiologia clínica e proporcionam maiores níveis de automatização e capacidade para laboratórios de maior volume. Também oferecem uma opção de pipetagem e diluição automáticas para testes de suscetibilidade antimicrobiana.

Cartões de reagentes

Os cartões de reagentes têm 64 poços que podem conter, cada um, um substrato de teste individual. Os substratos medem várias actividades metabólicas, tais como acidificação, alcalinização, hidrólise enzimática e crescimento na presença de substâncias inibidoras. Uma película opticamente transparente presente em ambos os lados do cartão permite o nível adequado de transmissão de oxigénio, mantendo ao mesmo tempo um recipiente selado que impede o contacto com as misturas organismo-substrato. Cada cartão tem um tubo de transferência pré-inserido utilizado para a inoculação. Os cartões têm códigos de barras que contêm informações sobre o tipo de produto, número de lote, data de validade e um identificador único que pode ser associado à amostra antes ou depois de carregar o cartão no sistema. Existem atualmente quatro cartões de reagentes disponíveis para a identificação de diferentes classes de organismos, como se segue:

1. GN - Bacilos Gram-negativos fermentadores e não fermentadores
2. GP - Cocos Gram-positivos e bacilos não formadores de esporos
3. YST - leveduras e organismos semelhantes a leveduras
4. BCL - Bacilos Gram-positivos formadores de esporos

Este sistema é um sistema totalmente automatizado que efectua a identificação bacteriana por análise bioquímica utilizando colorimetria e é altamente automatizado e permite a identificação rápida e precisa de algumas estirpes bacterianas em apenas duas horas.

Produção de heparinase

Os isolados biologicamente puros obtidos foram testados quanto à produção de atividade de heparinase através da cultura das células em 20 ml de meio líquido contendo (por litro): 14 g de triptona, 1,0 g de extrato de levedura, 3,5 g de K2 HPO4, 2 g de MgCl2, e 1,0 g de heparina, Manitol, 8·0; NH_4 NO_3 , 2·5; Na HPO_{24} , 0·5; Quitina, 0-6; solução de sais traço (NaSO4.2¾O, CoCl2.6¾O, CuSO4.5¾O, FeSO4.7H2O, CaCl2)(modificação do meio que descrito por Holt,1994, ajustado para pH 8,0 com NaOH. As culturas foram incubadas a 45°C., com agitação rotativa a 65 rpm. Após 48 horas de cultura, as células foram recolhidas por centrifugação a 8000×g durante 20 minutos e o sobrenadante foi testado quanto à presença de heparina residual através do ensaio metacromático do azul de toluideno e utilizado como extrato bruto.

Ensaio de heparinase

As misturas de reação que contêm 20 µl da presente solução enzimática (adequadamente diluída), 80 µl de tampão citrato-fosfato 50 mM, pH 7,4 e 20 µl de 100 ng por ml de heparina (sal de sódio) são seladas para evitar a evaporação e mantidas a 45° C durante 30 minutos.

Em seguida, adicionam-se 20 µl de solução de azul de toluideno 0,025 mg/ml e determina-se a absorvância da solução a 620 nm. A quantidade total de heparina remanescente nas misturas reaccionais é calculada a partir da sua absorvância por referência a uma série de soluções padrão de concentração conhecida de heparina. Uma unidade de atividade enzimática é considerada como a quantidade necessária para degradar 1,0 mg de heparina por hora a 45°C (Pulsawat e Khanitchaidecha, 2012).

Estimativa do teor de proteínas

O teor proteico da enzima foi determinado utilizando o método do corante de Bradford (Bradford, 1976). A concentração de proteínas foi determinada utilizando albumina de soro bovino (BSA) como padrão, utilizando o reagente de Bradford da seguinte forma: **1- Preparação da curva-padrão para a albumina de soro bovino**

1- A solução de reserva de albumina de soro bovino foi preparada dissolvendo 0,1 mg da mesma em 100 ml de água destilada.

2-Concentrações seriadas de albumina de soro bovino (10-100 mg /ml) foram preparadas a partir da solução de reserva por diluição com água destilada.

3- Adicionou-se cerca de 4,9 ml de reagente de Bradford a cada tubo, aguardou-se 5 minutos em condições de obscuridade e mediu-se a densidade ótica a 595 nm. A densidade ótica de cada concentração foi medida por espetrofotómetro a 595 nm.

2- Ensaio proteico da solução enzimática

Adicionou-se um volume de 4,9 ml de reagente de Bradford a tubos de ensaio de plástico e 0,1 ml da solução enzimática foi adicionada ao reagente e incubada a 30 C durante 10 minutos, a densidade ótica foi medida a 595 nm, a concentração proteica foi estimada em função da curva padrão de albumina de soro bovino.

Concentração de proteínas (mg/ml)=O.D.(595 nm)/(declive x 1000)

Cálculo da atividade específica

A atividade específica da enzima foi calculada da seguinte forma:

$$\text{Specificactivity}\left(\frac{\text{U}}{\text{mg}}\text{protein}\right) = \frac{\text{Enzymeactivity(U/ml)}}{\text{Proteinconcentration(mg/ml)}}$$

Purificação da heparinase

O isolado selecionado foi cultivado no meio descrito acima a 45°C, com agitação rotativa a 65 rpm. Após 72 horas de cultivo, as células foram recolhidas por centrifugação a 8000×g durante 20 minutos e o sobrenadante resultante foi sujeito a fracionamento com sulfato de amónio em diferentes rácios de saturação, variando de 30 a 80% de saturação. A amostra foi deixada durante a noite a 4 C e o precipitado foi recolhido por centrifugação a 8000 rpm durante 15 minutos e dissolvido em tampão citrato-fosfato 50 mM, pH 7,4, sendo depois dialisado durante a noite contra o mesmo tampão. A amostra foi carregada numa coluna de DEAE-celulose (2,5x25cm) equilibrada com tampão citrato-fosfato 10 mM, pH 7,4 e eluída com um gradiente de NaCl 0,05-0,35 M preparado no mesmo tampão. As fracções activas que apresentaram a maior atividade de heparinase foram agrupadas e aplicadas na coluna Sephadex G-150 (2x80 cm) que foi pré-equilibrada com tampão citrato-fosfato 10 mM, pH, 7,4. A coluna foi eluída com o mesmo tampão. A concentração de proteínas a 280 nm e a atividade da heparinase foram estimadas e as fracções activas foram agrupadas para estudos posteriores.

Ensaio de citotoxicidade

O rabdomiossarcoma (RD) e o fibroblasto de embrião de rato (REF) foram obtidos no centro iraquiano de investigação sobre cancro e genética médica da Universidade Al Mustansiria. As células foram cultivadas em meio RPMI-1640 contendo 10% de soro fetal de vitelo. Quando as células se encontram na fase exponencial, estão em plena atividade, pelo que foram recolhidas após dissociação da monocamada com 2-3 ml de tripsina/versina durante 5-15 min, depois, 200µl de suspensão de células foram semeadas novamente em placas de microtitulação de 96 poços para serem incubadas numa incubadora de CO_2 a 37°C durante 24 horas e obter uma monocamada aderente que foi posteriormente tratada com 200µl de diferentes concentrações de heparinase purificada (600,450, 300 e 150) µg/ml e heparinas de baixo peso molecular (LMWHs) produzidas na mistura de reação de heparinase com heparina foram preparadas em meios isentos de soro (SFM), separadamente, e depois reincubaram as placas durante 48h e 72h adicionais. Foram utilizados cinco poços replicados para cada concentração, além dos LMWHs, e os poços de controlo negativo foram tratados com SFM. Depois de terminado o tempo de exposição, o meio foi removido da placa e lavado com tampão fosfato salino (PBS) e 100µl de solução de violeta de cristal foram adicionados a cada poço, incubados durante 4 horas. Deitou-se fora o excesso de corante e a densidade ótica de cada poço foi lida pelo leitor micro-ELISA a 490nm (Freshney ,2001).

Análise estatística

Os resultados foram analisados estatisticamente para determinar o efeito significativo entre as concentrações da enzima para além das HBPMs e o seu efeito na linha de células tumorais e nas células normais. A comparação entre grupos baseou-se na análise do teste de variância (ANOVA). A significância entre o controlo e as amostras foi determinada utilizando o teste F de Student. Um valor de $P \leq 0,05$ foi considerado estatisticamente significativo.

Resultados e discussão

Isolamento de *Paenibacillus polymexa* e produção de heparinase

Entre 25 amostras de solo foram cultivadas em meio líquido contendo heparina e verificou-se que 4 amostras apresentaram crescimento após o período de incubação. Os isolados bacterianos foram submetidos a testes macroscópicos, microscópicos, fisiológicos e bioquímicos e demonstraram que pertencem a *Paenibacillus polymexa*. Assim, *Paenibacillus polymexa* foi isolado com uma percentagem de isolamento de (16%).

Morfologicamente, os isolados eram bactérias Gram-positivas móveis em forma de bastonete que produziam endosporos após incubação prolongada em meio de ágar. Ambos os isolados foram positivos para a liquefação de gelatina, hidrólise de amido, fermentação de glucose e redução de nitrato por catalase, mas negativos para oxidase, urease, produção de indol e formação de H_2S. Por exemplo, *Paenibacillus polymyxa* GBR-1 foi capaz de utilizar vários hidratos de carbono, incluindo dextrina, glicogénio, inulina, arabinose, celobiose, frutose, galactose, gentiobiose, ácido glucónico, maltose, lactulose, lactose, maltotriose, manitol, manose, melibiose, glucósido, rafiose, estaquiose, xilose e glicerol. A proporção de *Paenibacillus polymyxa* em relação ao total de estirpes bacterianas isoladas foi de 5,8%, o que sugere que esta espécie pode ser comum nas raízes de ginseng armazenadas. Esta frequência de isolamento é provavelmente o resultado da multiplicação bacteriana nos próprios locais de apodrecimento das raízes, nos quais existe uma miríade de microrganismos. Assim, *Paenibacillus polymyxa* pode não ser um mero contaminante oportunista das raízes de ginseng, mas pode provavelmente causar a podridão radicular diretamente sob certas condições de armazenamento (Jeon *et al.*,2003). Na inoculação artificial de discos de raiz, apenas *Paenibacillus polymyxa* pôde ser isolado dos tecidos podres numa quantidade detetável, cumprindo os postulados de Koch. As populações bacterianas naturais podem crescer até números elevados durante a produção de rebentos de luzerna e cebola (Prokopowich e Blank,1991), sugerindo que a humidade relativa e a temperatura elevadas, juntamente com exsudados radiculares ricos em nutrientes, podem suportar uma multiplicação bacteriana rápida.

Paenibacillus polymyxa é um saprófito natural, pelo que pode danificar sementes e raízes carnudas durante o armazenamento, especialmente se estas tiverem elevados teores de amido e forem armazenadas em condições de densidades populacionais bacterianas muito elevadas. Por conseguinte, a densidade de células de *Paenibacillus polymyxa* deve ser controlada para a utilização eficaz desta espécie como agente de biocontrolo, especialmente no revestimento de sementes e no armazenamento de raízes, a fim de evitar efeitos adversos no hospedeiro.

Num estudo efectuado por (Moon e Kim, 2014), relataram que A nova estirpe de *Paenibacillus polymexa* era uma bactéria Gram- e catalase-positiva, em forma de bastonete, que cresceu no intervalo de pH 6,0-9,5 (ótimo, 6,5-9,5) e a temperaturas entre 15°C e 45°C (ótimo, 25-40°C). Foi possível o crescimento a 0-5% de NaCl (ótimo, 0% a 3%) em caldos de nutrientes, Luria-Bertani e soja tripticase (TSB), bem como em meio R2A (com crescimento ótimo em TSB).

Os Paenibacillus soli são Gram-positivos, aeróbios, não-móveis e em forma de bastonete, com cerca de 0,5-0,6 mm de largura e 1,1-1,2 mm de comprimento. As colónias cultivadas em ágar R2A (Difco) durante 2 dias são lisas, circulares e brancas. O crescimento ocorre a 20-42 °C, pH 8-9 e na presença de até 2% (p/v) de NaCl. Não se regista crescimento em ágar MacConkey. Catalase-positivo e oxidase-negativo. Positivo para redução aeróbia de nitratos e produção de indol. Não produz H2S. Aesculina, amido e xilano são hidrolisados, mas a gelatina, a celulose, o azeite e o ADN não o são. O ácido é produzido a partir de DL-arabinose, ribose, D-xilose, metil b-D-xilose, galactose, glicose, frutose, celobiose, maltose, lactose, melibiose, sacarose, trealose, melezitose, rafinose, gentiobiose, D-turanose, glicogénio, metil a-D-glucósido, 5-cetogluconato e salicina. O ácido não é produzido a partir de L-xilose, manose, sorbose, ramnose, D-lixose, D-tagatose, DL-fucose, glicerol, eritritol, adonitol, dulcitol, inositol, manitol, sorbitol, xilitol, DL-arabitol, a-D-manósido de metilo, gluconato, 2-cetogluconato, N-acetilglucosamina, amigdalina, arbutina ou inulina. A arginina dihidrolase, a lisina descarboxilase, a ornitina descarboxilase e a triptofano desaminase estão ausentes. Nos ensaios com o sistema API ZYM, estão ausentes a fosfatase alcalina, a esterase (C4), a lipase (C14), a leucina arilamidase, a valina arilamidase, a cistina arilamidase, a tripsina, a a-quimotripsina, a b-glucuronidase, a aglucosidase, a b-glucosidase, a N-acetil-b-glucosaminidase, a amannosidase e a a-fucosidase. O peptidoglicano da parede celular contém ácido meso-diaminopimélico. A menaquinona predominante é a MK-7. O principal ácido gordo é o anteiso-C15:0. O conteúdo de G+C do ADN é de 56,6-57,0 mol%.

Estes 4 isolados de *Paenibacillus polymexa* que revelaram uma capacidade de produzir a enzima heparinase ao crescerem no meio líquido foram recultivados no mesmo meio após a alteração do pH do meio para 8 e verificou-se que *Paenibacillus polymexa* S3 produziu um nível mais elevado (0,88U/ml) de heparinase em comparação com os outros isolados, pelo que este isolado foi escolhido como o produtor eficiente de heparinase (figura-1). A eficiência na degradação da heparina (determinação indireta da produção de heparinase) aumentou com a diminuição da formação de metacromasia, que pode ser observada a partir da conversão da cor azul em púrpura ou vermelho-púrpura. Este ensaio foi utilizado para rastrear isolados produtores de heparinase e as actividades de heparinase dependiam do crescimento, da produção de heparinase e das taxas de secreção enzimática dos isolados (Pulsawat e Khanitchaidecha, 2012). De acordo com o ensaio do complexo de toluidina, a eficiência na degradação da heparina (determinação indireta da produção de heparinase) aumentou com uma diminuição da formação de metacromasia, que pode ser observada a partir da conversão da cor azul em púrpura ou vermelho-púrpura. O ensaio foi utilizado para examinar a heparinase extracelular induzida produzida pelos isolados. No entanto, as actividades de heparinase aproximadas por este ensaio também dependiam do crescimento, da produção de heparinase e das taxas de secreção enzimática dos isolados (Pulsawat e Khanitchaidecha, 2012). A produção de heparinase por *Flavobacterium heparinum* em meio complexo de digestão de proteínas, com heparina utilizada como indutor e em meio definido contendo glicose, sulfato de amónio, sais basais, L-metionina e L-histidina foi testada e revelou que a taxa de crescimento no meio definido foi de 0,21 h^{-1}, que é 40% superior à do meio complexo (Linhardt *et al.*,1981). *Aspergillus oryzae* isolado de uma amostra de solo tinha a capacidade de produzir heparinases extracelulares e intracelulares na sua fase tardia de crescimento e a heparina foi utilizada como indutor e absorvida rapidamente na fase exponencial inicial do crescimento a uma taxa de 0,16 g de células^{-1} h^{-1}(Banga *et al.*,2008). *Flavobacterium heparinum, Eubacterium saburreum, E. alactolyticum* e um *Peptostreptococcus* sp. isolado de casos de endometrite em vacas, foram capazes de degradar a heparina (Joubert, 1985). A produção de heparinase com uma estirpe de *Aspergillus flavus* (MTCC-8654) dependia da heparina, o indutor; a quitina, estruturalmente semelhante à heparina e $NH_4 NO_3$, a fonte de azoto, de modo que a produção de heparinase foi duplicada por otimização estatística de uma forma rentável(Banga e Tripathi,2009). Num estudo relatado por Banga (2010), verificou-se que a produção de heparinase por *Aspergillus flavus* e *Acinetobacter calcoaceticus* no meio estrutural continha heparina, manitol, cinina e nitrato de amónio no meio de produção basal, o que aumentou a produção de heparinase quando a heparina foi utilizada como única fonte de carbono e de azoto.

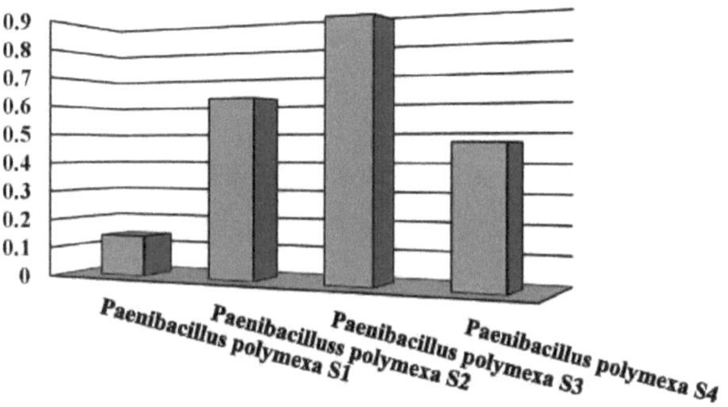

Figura (1): Actividades específicas dos isolados de *Paenibacillus polymexa*

Purificação da heparinase

A heparinase foi purificada até à homogeneidade por etapas cromatográficas sequenciais que envolveram a precipitação com sulfato de amónio, a troca iónica em coluna de DEAE-celulose e a filtração em gel em Sephadex G-150. Um fracionamento em sulfato de amónio com 75% de saturação aumentou a atividade específica para 208,13 U/mg. Após o passo de diálise, a amostra foi passada através de uma coluna de DEAE-celulose e eluída com um gradiente crescente de concentrações de cloreto de sódio de 0,05 a 0,35M. O processo de eluição mostrou dois picos de proteína com atividade de heparinase no segundo pico (figura 2), nesta fase a heparinase foi purificada com um rendimento de 43,9% e 17,3 vezes de purificação. As fracções activas foram aplicadas em Sephadex G-150 e eluídas com tampão citrato-fosfato 10 mM, pH 7,4. A eluição levou ao aparecimento de dois picos de proteína e a atividade da heparinase foi localizada no segundo pico de proteína (figura 3) com um rendimento de 37,5% e 50,1 vezes de purificação. Os principais resultados do processo de purificação estão resumidos na tabela (1). A heparinase é de grande importância para a análise estrutural fina da heparina/heparan sulfato, bem como para o desenvolvimento de oligossacáridos de heparina; além disso, a própria heparinase mostrou potencial farmacêutico. A heparinase foi produzida por uma nova espécie de *Sphingobacterium*. Foi purificada até à homogeneidade aparente por uma combinação de cromatografias SP-Sepharose e Source 30S. O espetro de massa MALDI- TOF da heparinase purificada indicou um peso molecular de

75KDa da enzima nativa. O espetro de massa do péptido revelou uma baixa homologia com a base de dados do banco de péptidos. A inibição da atividade da enzima pelo N-acetilimidazol indicou que os resíduos de tirosina eram necessários para a atividade da enzima. A heparinase mostrou atividade semelhante tanto na heparina como no sulfato de heparano, exceto na heparina do pulmão bovino (Yapeng *et al.*, 2003).

Um novo tipo de heparinase foi purificado até à homogeneidade aparente a partir de *Bacteroides stercoris* HJ-15, isolado do intestino humano, através de uma combinação de cromatografias QAE-celulose, DEAE-celulose, CM-Sephadex C-50, hidroxiapatite e HiTrap SP, com uma atividade específica final de 19,5 mmol/min/mg (Kim *et al.*,2000). A heparinase I foi purificada a partir de *Flavobacterium heparinum* por hidroxilapatite, filtração em gel e cromatografia de focalização (Yang *et al.*,1985). As heparinases de *Aspergillus flavus* e *Acinetobacter calcoaceticus* foram purificadas por cromatografia líquida de troca aniónica e catiónica com base nas caraterísticas físicas típicas de todas as heparinases conhecidas de vários isolados microbianos (Banga, 2010).

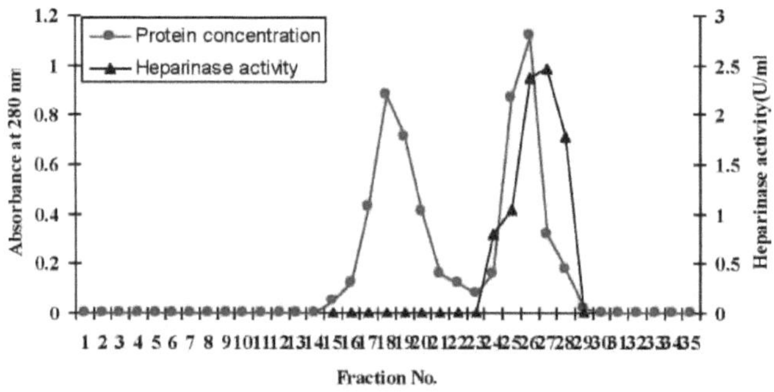

Figura (2): Purificação da heparinase de *Paenibacillus polymexa* S3 por cromatografia de permuta iónica em coluna de DEAE-celulose

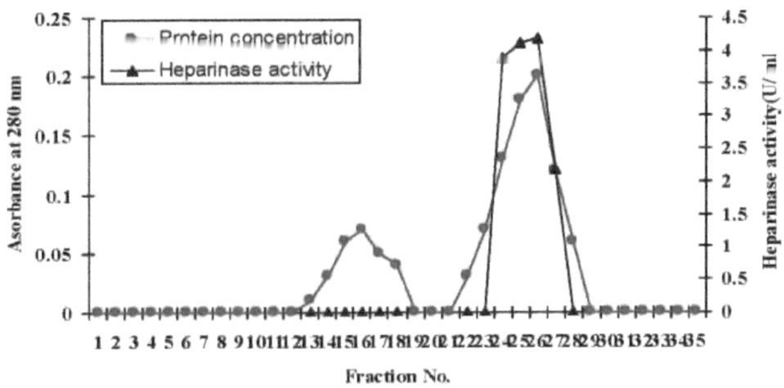

Figura (3): Purificação da heparinase de *Paenibacillus polymexa* S3 por cromatografia de filtração em gel em coluna Sephadex G-150

Tabela (1): Resumo da purificação da heparinase de *Paenibacillus polymexa* S3

Etapa de purificação	Tamanho (ml)	Atividade da heparinase (U/ml)	Concentração de proteínas (mg/ml)	Atividade específica (U/mg)	Atividade total	Dobra de purificação	Rendimento (%)
Extrato bruto	100	0.88	1.14	0.15	88	1	100
Precipitação de (NH4)2SO4	30	1.85	1.02	1.81	55.5	12	63
DEAE-celulose	16	2.42	0.93	2.60	38.7	17.3	43.9
Sephadex G-150	8	4.13	0.68	7.52	33.04	50.1	37.5

Ensaio de citotoxicidade

Os resultados revelados na figura (4) mostram o efeito da heparinase purificada e das heparinas de baixo peso molecular (LMWHs) produzidas na mistura de reação de heparinase com heparina no câncer Rhabdomyosarcoma (RD) e fibroblasto de embrião de rato (REF) com concentrações de heparinase (600,450,300 e 150) µg/ml e período de exposição (24,48,72) hrs. A citotoxicidade da heparinase purificada aumentou com o aumento das concentrações até 450µg/ml e em um efeito dependente do tempo na viabilidade das células RD com efeito significativo no nível (P <0,05) em comparação com o controle, mas na concentração superior a 450 µg/ml não há diferença significativa no nível (P> 0,05) e para todos os tempos de exposição. Também as heparinas de baixo peso molecular (LMWHs) produzidas na mistura de reação da heparinase com a heparina mostraram efeito citotóxico para todos os tempos de exposição com efeito significativo ao nível (P<0,05) em comparação com o controlo. A taxa de inibição foi dependente da concentração, bem como do tempo para a linha celular de rabdomiossarcoma. Isso pode ser atribuído à sensibilidade da célula de rabdomiossarcoma e pode ser devido à variação na atividade citotóxica da heparinase de acordo com diferentes tempos de exposição, uma vez que a glicose não foi consumida para síntese nem oxidação, mas secretada como lactato, em seguida, acumulada no meio e levar a efeito no perfil de crescimento celular Também t (Muslim, 2014). As diferenças na resposta a diferentes tratamentos podem indicar a presença ou ausência de receptores celulares específicos em cada tipo de linhas celulares, fazendo com que as células interajam com a mesma concentração de maneiras diferentes (Mohammed Ali, 2014).

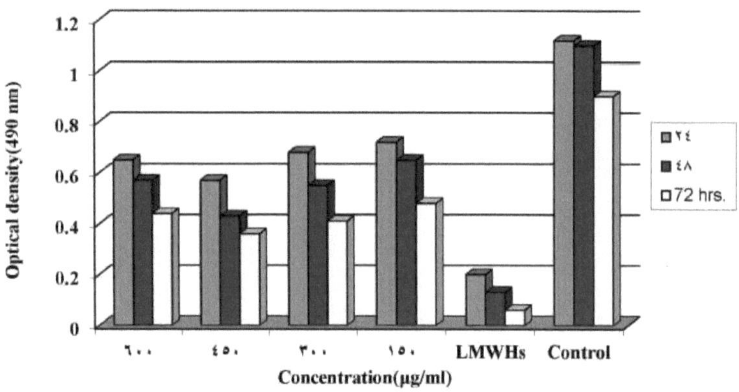

Figura (4): Efeito da heparinase purificada de Paenibacillus polymyx e dos LMWHs produzidos pela heparinase na linha de células cancerígenas (RD) após 24, 48 e 72 horas.

O efeito da heparinase purificada e das heparinas de baixo peso molecular (LMWHs) produzidas pela heparinase no normal (REF) às 24, 48 e 72 horas de exposição foi ilustrado na figura (5). Todas as concentrações de heparinase (600, 450, 300 e 150) µg/ml e heparinas de baixo peso molecular (LMWHs) não revelaram qualquer efeito significativo ao nível (P>0,05) durante os diferentes tempos de exposição em comparação com o controlo. O tratamento com heparina (heparina não fracionada, UFH) e heparina de baixo peso molecular (LMWH) reduziu significativamente a metástase de tumores primários ou sólidos e têm alto efeito nos estágios de inibição da cascata metastática do que na influência sobre os tumores primários (Long et al.,2011). Liu *et al.*(2005) referiram que a heparinase pode atuar nas células tumorais através de dois mecanismos: o primeiro inclui o tratamento das células com heparinase, que leva à perda do revestimento HLGAG da superfície das células, o que pode afetar a sua capacidade de crescimento ou de metastização, o segundo inclui o tratamento de células com heparinase que leva à geração de fragmentos distintos de HLGAG e estes fragmentos podem afetar a função das células tumorais e sugeriu que a heparinase inibia o crescimento do tumor primário e reduzia significativamente as metástases, enquanto os fragmentos gerados pelo tratamento de uma célula cancerosa com heparinase podem ser utilizados para prevenir ou tratar o crescimento de um tumor, bem como para prevenir metástases. Por outro lado, Petersen (2009) demonstrou que o tratamento com heparina e heparinas de baixo peso molecular (HBPM) é eficaz na prevenção e no tratamento de eventos tromboembólicos em doentes com cancro e sugeriu os potenciais benefícios da HBPM na hipercoagulação e na trombose, bem como em vários processos envolvidos no crescimento do tumor e nas metástases. Castelli *et al.* (2004) revelaram que os oligossacáridos de heparina com menos de 10 resíduos de sacarídeos inibem a atividade biológica do fator de crescimento básico dos fibroblastos (bFGF), ao passo que os fragmentos de heparina com menos de 18 resíduos de sacarídeos inibem a ligação do fator de crescimento endotelial vascular (VEGF) aos seus receptores nas células endoteliais, uma vez que as heparinas podem interferir em vários aspectos da proliferação do cancro, da angiogénese e da formação de metástases.

Dependendo do tipo e da concentração, exibem efeitos citotóxicos nas células vivas, mas geralmente não são genotóxicos. Em alguns casos, as alterações do potencial redox intracelular e a disfunção mitocondrial induzidas pelos óleos essenciais podem estar associadas à sua capacidade de exercer efeitos antigenotóxicos (Wu *et al.,* 2006). *In vitro*, a L-arginina é essencial para o crescimento e a proliferação óptimos das células, mas pensa-se que a falta de L-arginina extracelular no meio de crescimento não conduz à morte celular. A ação da DA conduzirá a uma depleção de L-arginina no meio de crescimento, e pode ser que na ausência de L-arginina as células sejam simplesmente incapazes de sintetizar novas proteínas, inibindo assim o crescimento e a proliferação (Degnan *et al.,*2000). As células cancerígenas possuem caraterísticas metabólicas indisponíveis nas células normais; incluindo oportunismo, requisitos nutricionais fastidiosos e a capacidade de invasão e distribuição, o que requer a presença de genes ou proteínas específicos diferentes dos das células normais, pelo que as células cancerígenas podem ser um alvo para os compostos activos dos metabolitos secundários, por exemplo, a formação de radicais livres durante a peroxidação lipídica, que é considerada um passo importante para fornecer energia durante a transformação das células normais em células cancerígenas (Gargalovic e Dory, 2003). Assim, os componentes activos dos metabolitos secundários das bactérias estudadas podem desempenhar um papel importante no seu efeito citotóxico nas células cancerígenas, retardando a atividade da lipoxigenase através da inibição do ARNm da 5-lipoxigenase, que está sobre-expresso nas células cancerígenas e que, por sua vez, inibe a topoisomerase I, responsável pela replicação do ADN e, em seguida, pela proliferação celular, o que leva a célula a atingir a PCD (Hetts, 1998). A capacidade de se ligar ao recetor de membrana plasmática da célula AMN-3 difere consoante a origem e o tipo de células. Uma variedade de moléculas receptoras altamente específicas é componente integral da superfície celular. Estas constituem sítios de reconhecimento que recebem sinais químicos que são frequentemente transferidos para a célula. Estes sinais podem dar início a uma série de actividades químicas e podem, em última análise, desligar genes específicos (Sugden e Davidson, 2004). A apoptose é uma das principais formas de morte celular e é essencial para o desenvolvimento normal e para a manutenção da homeostasia. Além disso, a atual terapia anti-neoplásica, a quimioterapia e a radioterapia são susceptíveis de serem afectadas pelas tendências de apoptose das células, pelo que este processo tem implicações terapêuticas óbvias (Green *et al.*,1994). A capacidade de inibição ou de potenciação da apoptose pelos extractos de plantas depende de vários factores, tais como: concentração do extrato e ação concertada de múltiplos micronutrientes, tipo de célula (Palozza *et al.*,2004). A explicação mais aceite para o efeito citotóxico do extrato de planta é a capacidade das enzimas para induzir a morte celular programada em células cancerosas, como tentativa de parar a sua proliferação. Foi relatado que vários produtos alimentares, bem como medicamentos à base de plantas, produzem efeitos tóxicos ao induzir a morte celular programada (Thatte *et al.*,2002).

Esta seletividade pode ser atribuída ao comportamento metabólico das células cancerosas em relação às células normais, como a natureza metabólica para formar novos vasos sanguíneos, a forma e a natureza dos receptores presentes na superfície das células cancerosas e a capacidade de se ligarem a diferentes compostos (Moteki *et al.*, 2002). Além disso, nas células cancerosas, as cadeias de ADN são relaxantes e toda a molécula é instável devido à distância entre as ligações de hidrogénio (ligações H) que unem as duas cadeias, o que facilita a ligação de compostos intra e extracompostos às cadeias de ADN, ao passo que nas células normais a molécula do ADN é coesa e as ligações H estão próximas umas das outras, o que impede a ligação de outros compostos estranhos (Belijanski, 2000).

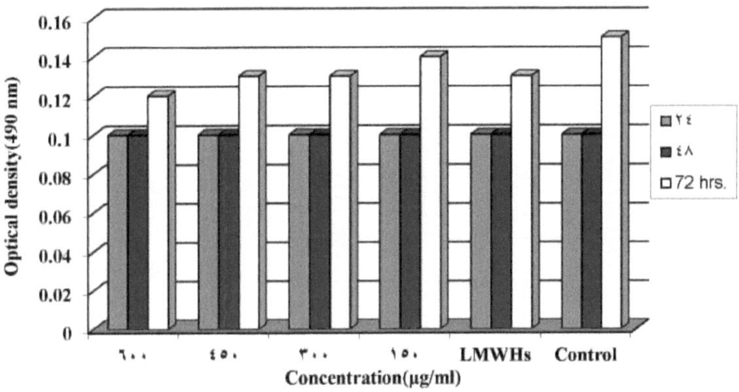

Figura (5): Efeito da heparinase purificada de *Paenibacillus polymyx* e dos LMWHs produzidos pela heparinase na linha celular normal (REF) após (24, 48 e 72) horas.

Referências

Ardnt, C.A.S.; Donaldson, S.S.; Anderson, J.R.; *et al.*(2001). O que constitui uma terapia óptima para pacientes com rabdomiossarcoma do trato genital feminino? Cancro; 91:2454-2468.

Atlas, R.M.; Brown, A.F. e Parks, L.C.(1995). Laboratory manual of experminatal Microbiology. 1ª edição, Mosby Company. Baltimore.

Banga, J. e Tripathi, C.K.M.(2009). Purificação rápida e enzima de *Acinetobacter calcoaceticus*. New Biotechnol; 26(1-2):99-104.

Banga, J. e Tripathi, C.K.M.(2009).Metodologia de superfície de resposta para a otimização dos componentes do meio em cultura submersa de *Aspergillus flavus* para aumentar a produção de heparinase. J. Biochem. 123(2):283-288.

Banga, J.(2010).Purificação e caraterização de heparinase microbiana para a produção de heparinas de baixo peso molecular (LMWHs) que actuam como agentes antitrombóticos. Tese CSIR-CDRI No. - B-62.

Banga, J.; Tripathi, C. K. M. e Bihari, V. (2008). Cinética de crescimento e produção enzimática de um isolado fúngico produtor de heparinase. Med. Chem. Res.,17(2):85-93.

Belijanski, M.(2000). O agente anticancerígeno PB-100 inibe a multiplicação de dezasseis linhas de células malignas, mesmo multirresistentes. Genet. Mol. Biol. 23:224-235.

Blibech, I.(2012). Etude de la lutte biologique intégrée contre la teigne de l'olivier Prays oleae BERN. (Lepidoptera, Hyponomeutidae): Emploi des parasitoïdes entomophages et des bactéries entomopathogènes et perspectives de protection biologique de l'olivier en Tunisie, Tese de Doutoramento, Faculté des Sciences de Sfax. 215 páginas.

Bowen, G.D. e Rovira, A. D., em: Waisel, Y.; Eshel, A. e Kafkafi, U. (Eds.), Plant Roots - The Hidden Half, Marcel Dekker, New York, 1991, pp. 641-649.

Bradford, M.(1976). Um método rápido e sensível para a quantificação de quantidades de microgramas de proteínas utilizando o princípio da ligação de corantes proteicos, Annal . Biochem.72:248-254.

Brown, A E (2005). Aplicações Microbiológicas. Manual de Laboratório de Microbiologia Geral. McGraw-Hill. Nova Iorque.

Casadei, M.A.; Ingram, R. Skinner, R.J. e Gaze, J.E. (2000). Resistência ao calor de *Paenibacillus polymyxa* em relação ao pH e aos acidulantes. J. Applied Microbiology.89(5): 801 -806.

Castelli, R.; Porro, F. e Tarsia, P.(2004).As heparinas e o cancro: revisão dos ensaios clínicos e das propriedades biológicas. Vasc. Med.,9(3):205-13.

Cecchetto, G.; Bisogno, G.; Treuner, J. *et al.*(2003). Papel da cirurgia para rabdomiossarcomas abdominais não-metastáticos. Um relatório dos estudos italianos e alemães do Soft Tissue Cooperative Group. Cancro; 97:1974-1980.

Chavez, P.; Yarleque, C.; Loayza, H.; Mares, V.; Hancco, P.; Priou, S.; Marquez, M.D.; Posadas, A.; Zorogasta, P.; Flexas, J. e Quiroz, R.(2012). Deteção de infeção por murcha bacteriana causada por *Ralstonia solanacearum* em batata (*Solanum tuberosum* L.) através de análise multifractal aplicada a dados de deteção remota. Agricultura de Precisão. 13(2): 236-255.

Choi, S.K.; Park, S.Y.; Kim, R.; Lee, C.H.; Kim, J.F. e Park, S.H.(2008). Identificação e análise funcional do gene biossintético da fusaricidina de *Paenibacillus polymyxa* E681. Biochemical and Biophysical Research Communication. 365(1): 89-95.

Christopherson, K.W.; Campbell, J. J.; Travers, J. B. e. Hromas, R. A. (2002). Low-Molecular-Weight Heparins Inhibit CCL21-Induced T Cell Adhesion and Migration (Heparinas de baixo peso molecular inibem a adesão e a migração de células T induzidas por CCL21). JPET 302:290-295.

de Mas, C.; Jansen, N.B.e Tsao, G.T.(1988). Produção de 2,3-butanodiol opticamente ativo por *Bacillus polymyxa*. Biotecnologia e Bioengenharia. 31(4): 366-377.

Degnan, B. A.; Fontaine, M. C.; Doebereiner, A. H.; Lee, J. J.; Mastroeni, P.; Dougan, G.; Goodacre, J. A. e Kehoe, M. A.(2000). Characterization of an isogenic mutant of *Streptococcus pyogenes* Manfredo lacking the ability to make streptococcal acid glycoprotein. Infect. Immun. 68:2441-48.

Eastman, A.W.; Weselowski, B.; Nathoo, N. e Yuana, Z. (2014).Sequência completa do genoma de *Paenibacillus polymyxa* CR1, uma bactéria promotora do crescimento de plantas isolada da rizosfera do milho que exibe potencial para biocontrolo, degradação de biomassa e produção de biocombustível. Genome Ann. 2(1):1-13.

Ernst, S.; Venkataraman, G.; Winkler, S.; Godavarti, R.; Langer, R.; Cooney, C. L. e Sasisekharan, R. (1996). Expressão em *Escherichia coli*, purificação e caraterização da heparinase I de *Flavobacterium heparinum*. Biochem. J. 315, 589-597.

Esnaola, N.F.; Rubin, B.P.; Baldini, EH. *et al.*(2001). Resposta à quimioterapia e preditores de sobrevida no rabdomiossarcoma adulto. Anais de Cirurgia; 234:215-223.

Ferrari, A.; Dileo, P; Casanova, M.; *et al.*(2003). Rabdomiossarcoma em adultos: Uma análise retrospetiva de 171 pacientes tratados numa única instituição. Cancro; 98:571-580.

Forbes , B.A ; Saham , D.F. e Weissfled , A.S. (2002) . Diagnostic Microbiology .10th ed . Mosby . Inc . U.S.A.

Freshney ,I.R.(2001). Cultura de células animais: A manual for basic technique. Publicação Wiley-Liss, Nova Iorque.

Furlong, M.A.; Mentzel, T. e Fanburg-Smith, J.C. (2001). Rabdomiossarcoma pleiomórfico em adultos: Um estudo clinicopatológico de 38 casos com ênfase em variantes morfológicas e marcadores recentes específicos do músculo esquelético. Patologia Moderna; 14:595-603.

Gaffney, A. e Gaffney, P. (1996). Rheumatoid arthritis and heparin. Br. J. Rheumatol, 35:808-809.

Gargalovic, P. e Dory, L. (2003). Cellular apoptosis is associated with increased caveolin-1 expression in macrophages. J. Lipid Res. 44: 1622-32.

Godavarti, R. e Sasisekharan, R.(1998). Heparinase I de *Flavobacterium heparinum*. Papel da carga positiva na atividade enzimática. J. Biol. Chem. 273, 248-255.

Green, D.R.; Bissonnette, R.P. e Cotter, T.G.(1994). Apoptose e cancro.

J. Princípios da Prática Oncológica. 8:1-14.

Harley, J.P. e Prescott, L.M (1996) . Exercícios de laboratório em microbiologia. Terceira edição, WCB/MC Graw -Hill, EUA.

Hawkins, W.G.; Hoos, A.; Antonescu, C.; *et al*.(2001). Análise clinicopatológica de pacientes com rabdomiossarcoma adulto. Cancro; 91:794-803.

Hays, D.M.; Lawrence, W.; Wharam, M.; *et al*.(1989). Reexcisão primária para doentes com tumor "microscópico residual" após excisão inicial de sarcomas do tronco e das extremidades. Journal of Pediatric Surgery 1989: 24:5-10.

Hays, D.M.;Raney, R.B.; Crist, W.M. *et al*.(1990). Procedimentos cirúrgicos secundários para avaliar o estado do tumor primário em pacientes com sarcomas de estágio III e IV responsivos à quimioterapia: Um relatório do Intergroup Rhabdomyosarcoma Study. Journal of Pediatric Surgery; 25:1100-1105.

Hetts, S. W.(1998). To die or not to die: an overview of apoptosis and its role in disease. JAMA. 279:300-307.

Heulin, T.; Berge, O.; Mavingui, P.; Gouzou, L.; Hebbar, K.P. e Balandreau, J.(1994). *Bacillus polymyxa* e *Rahnella aquatilis*, as bactérias fixadoras de N2 dominantes associadas à rizosfera do trigo em solos franceses. Jornal Europeu de Biologia do Solo. 30(1): 35-42.

Holt, J.G.(1994). Bergey's manual of determinative bacteriology. 2nd ed.

Vol.2, Williams and Wilkins. Baltimore.

Hong, H.A.; Duc, L.H. e Cutting, S.M. (2005). A utilização de formadores de esporos bacterianos como probióticos. FEMS Microbiol. Rev. 29, 813-835.

Huo, Z.; Yang, X.; Raza, W.; Huang, Q.; Xu, e Shen. Q.(2010). Investigação dos factores que influenciam a germinação de esporos de *Paenibacillus polymyxa* ACCC10252 e SQR-21. Microbiologia Aplicada e Biotecnologia. 87(2): 527-536.

Jafarian, H.A.; Shahi, G.A. e Yazdani, A.R.(2009a). O efeito dos probióticos na eficiência alimentar e no crescimento larvar de três espécies de esturjão do Cáspio. J. Agr. Sci. Nat. Res. 16, não paginado.

Jafarian, H.A.; Taati, K.M. e Nazarpour, A.R.(2009b). O efeito de estudo do bacilo probiótico no crescimento de larvas de truta arco-íris (*Oncorhynchus mykiss*) através da suplementação com farinha de Daphnia magna. J. Agr. Sci. Nat. Res. 16, 39-47.

Jeon, Y.; Chang, S. P.; Hwang, I. e Young, H. (2003). Envolvimento da Rhizobacterium *Paenibacillus polymyxa* promotora de crescimento na podridão radicular do ginseng coreano armazenado. J. Microbiol. Biotechnol., 13(6), 881-891.

Joubert, J.J.(1985). Caracterização de microorganismos produtores de heparinase. Tese. Universidade de Pretória (África do Sul).

Kent, W.; Christopherson, I.; James, J.; Campbell, J.; Travers, B. e Robert, H. A. (2002). Low-Molecular-Weight Heparins Inhibit CCL21-Induced T Cell Adhesion and Migration (Heparinas de baixo peso molecular inibem a adesão e a migração de células T induzidas por CCL21). The Journal Of Pharmacology And Experimental Therapeutics , 302(1):290-295.

Kim, B.T.; Hong, S.W.; Kim, W.S.; Kim, Y.S. e Kim, D.H.(2001). Purificação e caraterização de acharan sulfato liases, duas novas heparinases, de *Bacteroides stercoris* HJ-15. Eur J Biochem;268:2635- 2641.

Kim, B.T.; Kim, W.S.; Kim, Y.S.; Linhardt, R.J. e Kim, D.H.(2000).Purificação e caraterização de uma nova heparinase de *Bacteroides stercoris* HJ-15. J. Biochem. 128(2):323-8.

Kim, J.F.; Jeong,H.; Park,S.Y.; Kim,S.B.; Park,Y.K.; Choi,S.K.; Ry,C.M.; Hur,C.H.; Ghim,S.Y.; Oh,T.K.; Kim,J.J.; Park,C.S. e Park.S.H.(2010). Sequência do genoma da rizobactéria probiótica vegetal produtora de polimixina *Paenibacillus polymyxa* E681. Journal of Bacteriology. 192(22): 6103-6104.

Kim, W.; Kim, B.; Kim, D. e Kim, Y. (2004). Purificação e Caracterização da Heparina Liase I de *Bacteroides stercoris* HJ-15. J.Biochem.Mol.Biol.,37(6):684-690.

Lal, S. e Tabacchioni, S.(2009). Ecologia e potencial biotecnológico de *Paenibacillus polymyx* a: uma pequena revisão. Indian Journal of Microbiology. 49(1): 2-10.

Lever, R.; Hoult, J.R. e Page, C.P.(2000). The effects of heparin and related molecules upon the adhesion of human polymorphonuclear leucocytes to vascular endothelium in vitro. Br J

Pharmacol; 129:533-540.

Li, B.; Yu, R.; Tang, Q.; Su, T.; Chen, X.; Zhu, B.; Wang, Y.; Xie, G. e Sun, G.(2011). Capacidade de formação de biofilme de *Paenibacillus polymyxa* e *Paenibacillus macerans* e seu efeito inibitório contra a murcha bacteriana do tomateiro. Jornal Africano de Investigação Microbiológica.5(25):4260-4266.

Liebminger, S.; Aichner, M.; Oberauner, L.; Furnkranz, M. Cardinale, M. e Berg, G.(2012). Uma nova abordagem baseada em têxteis para avaliar a atividade antimicrobiana dos voláteis. Textile Research Journal.82(5):484-491.

Lindahl, U.(2000). Heparin' - do medicamento anticoagulante à nova biologia. Glycoconj J.;17:597-605.

Linhardt, J.; Galliher, P.M.; Cooney, C.L. e Langer, R. (1981). Produção de heparinase por *Flavobacterium heparinum*. Appl. Environ. Microbiol, 41(2):360.

Little, D.J.; Ballo, M.T.; Zagars, G.K. *et al.*(2002). Rabdomiossarcoma em adultos: Outcome following multimodality treatment. Cancro; 95:377-388.

Liu, D.; Pojasek, K.; Shriver, Z.; Holley, K.; El-Shabrawi, Y.; Venkataraman, G. e Sasisekharan, R.(2005). Fragmentos de HLGAG da heparinase III e respetivas utilizações. A invenção. US20050233402 A1.

Liu, H.; Zhang, Z. e Linhardt, R.J.(2009). Lições aprendidas com a contaminação da heparina. Nat Prod Rep.; 26:313-321.

Lohse, D. e Linhardt, R.(1992). Purificação e caraterização de heparina liases de *Flavobacterium heparinum*. J Biol Chem; 267:24347-24355.

Long, C.; Hyun-sun, L.; Won-keun, O. e Jong-seog, A.(2011).Inibição do Sanggenon G Isolado de *Morus alba* na Metástase de Células Cancerígenas. Medicina Herbal Chinesa,3(1):23-26.

Mohammed Ali, A. N.(2014). Efeito citotóxico da lectina purificada do *Acinetobacter baumannii* isolado localmente na linha de células tumorais Hep-2, J. Biology, Agriculture and Healthcare, 4(26):168-173.

Mokaddem, H.; Sadaoui, Z.; Boukhelata, N.; Azouaou, N. e Kaci, Y.(2009). Remoção de cádmio de uma solução aquosa por um polissacárido produzido a partir de *Paenibacillus polymyxa*. Journal of Hazardous Materials. 172(2-3):1150- 1155.

Montes, M.J.; Mercade, E.; Bozal, N. e Guiné, J.(2004). *Paenibacillus antarcticus* sp. nov., um novo organismo psicrotolerante do ambiente antártico. Int. J. Syst. Evol. Microbiol., 54:1521-1526.

Moon,J. e Kim,j.(2014). Isolamento de *Paenibacillus pinesoli* sp. nov. de solo florestal em Gyeonggi-Do, Coreia. J. Microbiology, 52(4):273-277.

Moteki, H.; Hibasami, H.; Yamada, Y.; Katsuzaki, H.;Imai, K. e Komiya, T.(2002). Indução específica de apoptose 1, 8 - cineol em duas linhas celulares de leucemia humana, mas não em linhas celulares de cancro do estômago humano. Oncology Rep. 9:757-760.

Mousa, S.A. e Petersen, L.J.(2009). Propriedades anti-cancerígenas da heparina de baixo peso molecular: evidência pré-clínica. Thromb. Haemost., 102(2):258-67.

Muslim, S. N.(2014). Efeito citotóxico da inulinase purificada de *Staphylococcus aureus* isolada localmente na linha celular de cancro Hep-2 *in vitro*. J. Biologia, Agricultura e Cuidados de Saúde, 4(25):1-7.

Naimy, H.; Laymarie, N.; Bowman, M.J. e Zaia, J.(2008). Caracterização da ligação de Oligossacarídeos de Heparina especificamente à Antitrombina III usando Espectrometria MASS. Biochem; 47(10):3155-3161.

Palozza, P.; Serini,S.; Nicuolo, F.N. e Calviello,G.(2004). Modulação da sinalização da apoptose por carotenóides em células cancerígenas. J. Arch. Biochim. Biophys. 430:104-109.

Park,M.; Kim,H.; An,D.; Yang,H.; Oh,S Chung, H.e Yang,D.(2007). *Paenibacillus* soli sp. nov., uma bactéria xilanolítica isolada do solo. Jornal Internacional de Microbiologia Sistemática e Evolutiva, 57, 146150.

Prokopowich, D. e Blank, G.(1991). Avaliação microbiológica de rebentos e sementes de vegetais. J. Food Prot. 54: 560-562.

Pulsawat, W. e Khanitchaidecha, P.(2012).Rastreio e factores ambientais que afectam o crescimento de bactérias produtoras de heparinase. KKU Res. J., 17(4):593-606.

Quinn, G.A.; Maloy, A.P.; McClean, S.; Carney, B.; Slater, J.W.(2012). Os biossurfactantes lipopeptídicos de *Paenibacillus polymyxa* inibem biofilmes de espécies únicas e mistas. Biofouling, 28(10):1151-66.

Raney, R.B.; Stoner, J.A.; Walterhouse, D.O. *et al.*(2004). Resultados do tratamento de cinquenta e seis pacientes com rabdomiossarcoma retroperitoneal e pélvico localizado: A report from the Intergroup Rhabdomyosarcoma Study- IV, 1991-1997. Pediatric Blood and Cancer; 42:1-8.

Raza, W.; Yang, W. e Shen, Q.(2008). *Paenibacillus polymyxa*: antibióticos, enzimas hidrolíticas e avaliação do perigo. J. Plant Pathol. 90, 419-430.

Riley, T.V.(1987). Produção de heparinase por bactérias anaeróbicas. J. Clin. Pathol;40:384-386.

Sasisekharan, R.; Venkataraman, G.; Godavarti, R.; Ernst, S.; Cooney, C.L. e Langer,R. (1996). Heparinase I de *Flavobacterium heparinum* mapeamento e caraterização do domínio de ligação à heparina. J. Biol. Chem. 271(6):3124-3131.

Sasisekharant, R.; Bulmert, M.; Moremen, K.; Cooney, C. e Langer, R. (1993). Clonagem e expressão do gene da heparinase I de *Flavobacterium heparinum*. Proc. Natl. Acad. Sci. USA. 90:3660-3664.

Spadden, M. e Gardener, B.(2004). Ecologia de *Bacillus* e *Paenibacillus* spp. em sistemas agrícolas. Phytopathology, 94:1252-1258.

Sugden, D. e Davidson K. (2004). "Melatonina, receptores de melatonina e melanóforos: uma história em movimento". Pigment Cell Res.17: 454-460.

Thatte, U.; Bagadey, S. e Dahanakar, S.(2002). Modulação da morte celular programada por plantas medicinais. Cell Mol. Biol., 46: 99-214.

Timmusk, S.; Grantcharova, N. e Wagner, E.G.(2005).*Paenibacillus polymyxa* Invades Plant Roots and Forms Biofilms. Appli. Environ. Microbiol 71(11):7292-7300

Timmusk, S.; Nicander, B.; Granhall, U. e Tillberg, E. (1999). Produção de citocinina por *Paenibacillus polymyxa*. Soil Biology and Biochemistry. 31(13):1847-1852.

Vasan, S.S.; Modak, J.M.e Natarajan, K.A.(2001). Alguns avanços recentes no bioprocessamento de bauxita. International Journal of Mineral Processing. 62(1-4): 173-186.

Vijayalakshmi, S.P. e Raichur, A.M. ("2002). Biofloculação de carvões indianos com alto teor de cinzas utilizando "*Paenibacillus polymyxa*". "International Journal of Mineral Processing". 67(1-4): 199-210.

Watanapokasin, R.Y.; Boonyakamol, A.; Sukseree, S.; Krajarng, A.; Sophonnithiprasert, T.; Kanso, S. e Imai, T. (2008). Produção de hidrogénio e descoloração anaeróbia de águas residuais contendo Reactive Blue 4 por um consórcio bacteriano de *Salmonella subterranea* e *Paenibacillus polymyxa.* Biodegradação. 20(3):411-418.

Wolden, S.L.; La, T.H.; LaQuaglia, M.P. *et al.*(2003). Resultados a longo prazo da radioterapia conformada tridimensional para pacientes com rabdomiossarcoma. Cancro; 97: 179-185.

Wolden, S.L.; Wexler, L.H.; Kraus, D.H. *et al.*(2004). Intensity Modulated Radiation Therapy for head and neck rhabdomyosarcoma (Radioterapia de intensidade modulada para rabdomiossarcoma de cabeça e pescoço). International Journal of Radiation Oncology Biology & Physics, no prelo.

Wu, X.J.; Stahl, T.; Hu,Y.; Kassie, F. e Mersch-Sundermann,V.(2006). A produção de espécies reactivas de oxigénio e o potencial da membrana mitocondrial são modulados durante a paragem do ciclo celular e a apoptose induzidas pelo óleo de cebola nas células A549. J. Nutr. ,136:608-613.

Xie, J.; Murugesan, S. e Linhardt, R.. Physiological, Pathophysiological and Therapeutic Roles of Heparin/Heparan sulfate. Em: Garg, H.G.; Cowman, M. e Hales, C.A. Carbohydrate chemistry, biology and medical applications. 1.ª ed. REINO UNIDO: Elsevier. 2008. P. 227-51.

Yang, V. C., Linhardt, R. J., Bernstein, H., Cooney, C. L. & Langer, R. (1985). Purificação e caraterização da heparinase de *Flavobacterium heparinum* J. Biol. Chem. 260, 1849-1857.

Yapeng, C., Ningguo, G.; Xiulan, C.; Jing, Y.; Shijun, Q. e Shuzheng, Z.(2003). Purificação rápida, caraterização e especificidade de substrato da heparinase de uma nova espécie de *Sphingobacterium*. J Biochem. 134(3):365- 371.

Yoshida, E.; Sakai, K.; Tokuyama, S.; Miyazono, H.; Maruyama, H.; Morikawa, K.; *et al.*(2002). Purificação e caraterização de heparinases que degradam tanto a heparina como o sulfato de heparina de *Bacillus circulans*. Biosci Biotechnol Biochem; 66(5):1181-1184.

Zengguo, H.; Kisla, D.; Zhang, L.; Yuan, C.; Green-Church, K.B. e Yousef, A.E.(2007). Isolamento e Identificação de uma Estirpe *de Paenibacillus polymyxa* que Coproduz um Novo Lantibiótico e Polimixina. *Applied and* Environmental Microbiology.73(1):168-178.

MIX
Papier aus verantwortungsvollen Quellen
Paper from responsible sources
FSC® C105338

Printed by Books on Demand GmbH, Norderstedt / Germany